Mémoire communiqué à la Société libre d'agriculture et de viticulture de Ribeauvillé (Haute-Alsace), dans sa séance du 13 février 1881.

LA DÉGÉNÉRESCENCE DE LA VIGNE CULTIVÉE

SES CAUSES ET SES EFFETS

SOLUTION DE LA QUESTION PHYLLOXÉRIQUE

PAR

Chr. OBERLIN

Commissaire-expert pour les recherches phylloxériques en Alsace-Lorraine,
Secrétaire de la Société libre d'agriculture et de viticulture de Ribeauvillé (Alsace),
membre de la Commission ampélographique internationale, etc., etc.

Le temps seul juge souverainement les bonnes ou les mauvaises idées, les bonnes ou les mauvaises pratiques.
Dr Jules GUYOT.
(Culture de la vigne et vinification.)

COLMAR
E. BARTH, LIBRAIRE-ÉDITEUR
1881

LA DÉGÉNÉRESCENCE

DE LA VIGNE CULTIVÉE

SES CAUSES ET SES EFFETS

COLMAR
IMPRIMERIE J. B. JUNG & Cie

Mémoire communiqué à la Société libre d'agriculture et de viticulture de Ribeauvillé (Haute-Alsace), dans sa séance du 13 février 1881.

LA DÉGÉNÉRESCENCE

DE LA VIGNE CULTIVÉE

SES CAUSES ET SES EFFETS

SOLUTION

DE LA QUESTION PHYLLOXÉRIQUE

PAR

Chr. OBERLIN

Commissaire-expert pour les recherches phylloxériques en Alsace-Lorraine,
Secrétaire de la Société libre d'agriculture et de viticulture de Ribeauvillé (Alsace),
membre de la Commission ampélographique internationale, etc., etc.

> Le temps seul juge souverainement les bonnes ou les mauvaises idées, les bonnes ou les mauvaises pratiques.
>
> Dr Jules GUYOT.
>
> *(Culture de la vigne et vinification.)*

COLMAR
E. BARTH, LIBRAIRE-ÉDITEUR
1881

TABLE DES MATIÈRES

LA DÉGÉNÉRESCENCE
DE LA VIGNE CULTIVÉE
SES CAUSES ET SES EFFETS

Aperçu de l'état actuel de l'invasion phylloxérique.

Vers 1863, une maladie inconnue, mystérieuse, commença à se déclarer dans les vignobles du Midi de la France ; cette maladie prit bientôt des proportions très-inquiétantes ; après bien des recherches, M. Planchon, le savant professeur de la Faculté des sciences de Montpellier, parvint, en 1868, à en découvrir la cause. Il nous a annoncé la présence du *phylloxera vastatrix* dans les vignobles français. Peu de temps après, la maladie se déclara également dans les environs de Bordeaux.

On peut donc admettre que l'insecte a commencé son œuvre de destruction il y a à peu près dix-huit ans. Or, pendant cette période relativement courte, il a attaqué la moitié des vignobles de France et il en a détruit près du quart, la surface totale étant à peu près de 2,200,000 hectares.

Là ne se bornent pas ses exploits : le terrible insecte ne connaît pas de frontières. Depuis qu'il a pris pied en Europe, après avoir été auparavant confiné en Amérique, son pays natal, il a pénétré successivement en Autriche-Hongrie, en Allemagne, en Suisse, en Italie, en Espagne, bref, dans tous les pays de l'Europe où l'on cultive la vigne. Qu'allons-nous devenir, nous autres viticulteurs, si le terrible destructeur devait continuer son œuvre?

Dans la dernière séance annuelle de la Commission supérieure du phylloxéra de France, M. le directeur de l'agriculture s'exprimait comme suit : « Le mal est immense, les dangers grandissent « toujours. La superficie des vignobles détruits « dépasserait actuellement 500,000 hectares ; celle « du vignoble atteint, mais résistant encore, est à « peu près de même importance. »

Ce cri d'alarme est significatif; l'insecte, malgré le sulfure de carbone, malgré le sulfocarbonate, malgré les inondations, malgré tous les efforts suprêmes qui ont été mis en jeu, continue ses ravages comme si de rien n'était. N'est-ce pas le cas de nous demander si nous ne nous sommes pas engagés dans une voie défectueuse? Un combat à outrance contre des êtres infiniment petits est une entreprise difficile, longue, coûteuse et sans résultats certains. Le remède à ce mal terrible est ailleurs; aussi me tient-il à cœur de constater, de préciser ma manière de voir, et de livrer au public le fruit de mes modestes, mais consciencieuses recherches.

Les vignes qui résistent au phylloxéra résistent aux froids les plus intenses.

On dit généralement qu'à quelque chose malheur est bon. Ce proverbe trouve son application en ce qui concerne la déplorable gelée de l'hiver 1879-1880. Qui n'a pu remarquer, en effet, que certains cépages, originaires de l'Amérique, ont résisté au froid prodigieux qui a détruit, dans certains vignobles du nord, toutes les variétés européennes? Ce sont précisément ces cépages, insensibles à des températures de 20 à 24 degrés au-dessous de zéro, qui ont la réputation de résister également aux attaques du phylloxéra. La coïncidence est remarquable; aussi a-t-elle éveillé en moi l'idée d'une nouvelle solution de la question phylloxérique. Je fis part de mes observations à l'ampélographe Bronner, lequel m'a répondu que chez lui également, à l'exception de certaines vignes américaines, le froid avait épargné un seul cépage européen de sa collection, et qu'il provenait d'une vigne sauvage de la vallée du Rhin.

Cette nouvelle fut pour moi un trait de lumière. Comment, nous possédons dans nos environs des vignes sauvages que nous ne connaissons même pas, et qui résistent aux températures les plus basses? Qui sait si elles ne résisteraient pas également à l'insecte destructeur de nos vignobles, puisque quelques vignes américaines possèdent également cette double propriété?

Les vignes sauvages de la vallée du Rhin.

Sur ma proposition, je fus autorisé par le ministère d'Alsace-Lorraine à faire une étude des vignes qui se trouvent à l'état sauvage dans la vallée du Rhin, et, grâce aux bons soins de M. le docteur Blankenhorn, président de la Société de viticulture d'Allemagne, de M. Dahlen, rédacteur du *Weinbau*, des ampélographes Bronner et Velten, et des administrations forestières du duché de Bade et de l'Alsace-Lorraine, il m'a été possible de découvrir, en peu de temps, les endroits peu connus où la vigne sauvage existe encore.

La vigne réellement sauvage (*vitis sylvestris*) existe par ci par là sur les deux rives du Rhin, depuis Bâle jusqu'à Mannheim; elle est beaucoup plus rare entre ce dernier point et Mayence. On la trouve exclusivement dans les forêts de la plaine, bordant le fleuve, et principalement dans les fourrés épais et impénétrables, où elle est difficile à atteindre et à détruire par la main de l'homme. Elle grimpe sur les arbres les plus élevés; ses pampres s'étalent rayonnants au-dessus des branches, les enlacent et finissent par les étreindre complètement; aussi l'administration forestière les fait-elle extirper de son mieux et leur nombre va diminuant d'année en année.

Dans le bassin de l'Ill, affluent du Rhin, on trouve également des spécimens sur plusieurs points de la plaine, dans des conditions identiques à celles indiquées ci-dessus.

En pays de montagne, la vigne sauvage est très-rare, et, à ma connaissance, elle n'existe que sur deux points en Alsace et sur deux en Lorraine. Dans le duché de Bade, au contraire, j'ai trouvé des échantillons en forêts de montagne dans cinq localités différentes; mais j'ai hâte d'ajouter que quelques-unes de ces variétés me paraissent provenir de la vigne cultivée, tandis que celles de la plaine représentent toutes des types parfaitement sauvages.

Tout comme la vigne des bois de l'Amérique, celle de la vallée du Rhin se plaît généralement dans les forêts au bord des cours d'eau; mais, contrairement aux assertions de Bronner, je ne l'ai jamais rencontrée dans les endroits marécageux. J'ai remarqué, au contraire, qu'elle recherche plutôt les éminences, les talus et, en général, les terrains à l'abri de l'eau stagnante.

Les nombreuses excursions à travers bois que j'ai faites dans le cours de l'année 1880, m'ont permis d'étudier la végétation, la floraison et la fructification, la résistance à la formidable gelée du dernier hiver, d'un grand nombre de sujets, et voici ce que je puis constater dès maintenant :

Caractères généraux des vignes sauvages.

La vigne des forêts de la vallée du Rhin est une vigne réellement sauvage, de l'avis du botaniste badois Gmelin (*Flora Badensis alsatica et confinium regionum, cis et transrhenana*, Carlsruhe, 1806) et de l'ampélographe et conseiller d'économie rurale Bronner, qui s'est occupé de cette question déjà en 1857. Elle compte un assez grand nombre de variétés. Ses caractères généraux sont les suivants :

Vigueur extraordinaire, grimpe sur les arbres les plus élevés; on trouve des pieds de 20 à 30 mètres de hauteur et de 24 à 26 centimètres de circonférence.

Vieux sarments très-flexibles, contrairement au bois de la vigne cultivée, lequel est très-cassant.

Feuilles variables, généralement minces et molles, entières, tri- et quinquelobées, tantôt glabres, souvent duvetées, la plupart poileuses sur les nervures, selon les variétés.

Fleurs souvent hermaphrodites, comme celles de la vigne cultivée. On rencontre toutefois beaucoup de variétés à fleurs diclines et dioïques. Dans les fleurs mâles, l'ovaire manque nécessairement; il est remplacé par un petit bouton, peu saillant, autour duquel s'insèrent les cinq étamines, très-longues. Les pieds mâles portent une quantité de fleurs extraordinaire; ils en sont littéralement couverts, et celles-ci répandent une odeur des plus suaves. Après la floraison, elles se dessèchent et tombent peu à peu.

Dans les fleurs femelles, les étamines ne manquent pas, mais elles sont courtes, rudimentaires, rabougries, pliées ou roulées en arrière, de sorte que l'anthère n'arrive jamais à la hauteur du stigmate. Aussi est-il plus que probable que les organes mâles de cette catégorie de fleurs sont impotents; la fécondation se fait par le pollen des fleurs mâles, voire même des fleurs hermaphrodites du voisinage, et les insectes, le vent, lui servent de véhicule.

La vigne sauvage se reproduit toujours de graine.

Contrairement à ce qui a été admis par quelques ampélographes, la vigne des bois ne se reproduit jamais par marcotte ou couchage, mais bien — point capital à noter — par la voie naturelle des semis. Les grains qui tombent par terre pourrissent, et les pépins, lorsqu'ils se trouvent dans un terrain convenable, lèvent au printemps suivant et fournissent de nouveaux sujets. J'ai trouvé, sous certains pieds fertiles, des quantités prodigieuses de jeunes semis, qui se développent, malgré les conditions peu favorables où ils se trouvent, à l'ombre des grands arbres et des broussailles de la forêt.

Ce mode de reproduction des vignes sauvages par la voie naturelle constitue, au point de vue du phylloxéra, le point capital. C'est le nœud gordien, et on n'y a jamais songé, ou, si l'on y a songé, on n'a jamais fait grand'chose pour chercher une solution véritablement logique sur ce nouveau terrain, qui est vieux comme le monde.

La vigne sauvage n'est pas exposée aux attaques des parasites et aux maladies qui affectent la vigne cultivée.

J'insiste sur une observation qui aurait dû précéder les considérations ci-dessus : la vigne des bois, la vigne qui se reproduit de semis, n'est pas sujette aux différentes maladies de nos vignes cultivées. Dans toutes mes pérégrinations, je n'ai pas trouvé un seul pied montrant des traces d'oïdium, d'anthracnose, de jaunisse, de brûlure, etc.; et, qu'on y songe bien, ces diverses maladies ne constituent plus aujourd'hui des affections secondaires; chaque année un nouveau fléau vient s'ajouter aux précédents : telle vigne est affectée par l'oïdium, telle autre par l'anthracnose; ici, c'est le moisi, le pourridié, là, la jaunisse, la brûlure; voilà le cottis qui ravage des surfaces considérables; aujourd'hui, on nous annonce le mildew ou *peronospora viticola*; qui sait ce qui viendra demain et qui sait où tout cela s'arrêtera?

Les affections secondaires de la vigne causent autant de dégâts que le phylloxéra.

Par suite de tous les fléaux secondaires, les récoltes en vin des vignobles encore vierges de phylloxéra se sont réduites à tel point, qu'elles sont même plus faibles que celles des contrées envahies par l'insecte.

Je cite des chiffres.

Comparaison de la production des dix départements les plus phylloxérés de France, avec celle de dix départements peu ou point phylloxérés, en 1878, 1879 et 1880. (Statistique officielle.)

DÉPARTEMENTS.	HECTARES en vignes.	PRODUCTION EN HECTOLITRES 1878	1879	1880
Dix départements les plus phylloxérés.				
Ardèche	21,773	123,561	92,530	87,291
Bouches-du-Rhône	7,907	44,645	62,534	74,461
Charente	92,009	2,051,510	549,142	835,807
Charente-Inférieure	141,101	4,631,751	1,307,368	1,873,944
Drôme	8,190	306,162	50,144	45,269
Gard	18,120	124,741	139,640	293,068
Gironde	144,877	2,210,114	1,567,506	1,680,235
Hérault	106,189	4,094,199	4,705,371	5,066,899
Var	49,328	480,646	389,466	287,646
Vaucluse	9,284	46,530	60,448	58,334
Totaux	598,778	14,113,859	8,924,149	10,302,954
Hectolitres à l'hectare		24	15	17
Moyenne des 3 années		19 hectol.		
Dix départements peu ou point phylloxérés.				
Ain	18,306	427,518	186,036	159,016
Alpes-Maritimes	18,522	53,532	61,113	72,462
Ariège	17,105	102,168	83,932	98 331
Doubs	93,594	675,100	423,530	376,676
Indre-et-Loire	49,176	1,279,035	271,847	233,689
Loire (Haute-)	6,427	60,703	50,537	40,232
Maine-et-Loire	42,062	514,367	107,877	121,547
Pyrénées (Basses-)	22,480	196,588	139,176	99,547
Pyrénées (Hautes-)	14,673	192,392	195,241	141,237
Tarn	46,163	702,451	685,173	978,005
Totaux	328,508	4,203,854	2,204,462	2,320,742
Hectolitres à l'hectare		13	7	7
Moyenne des 3 années		9 hectol.		

Il a fallu introduire dans la 2e série quelques vignobles septentrionaux, puisque dans le midi les départements indemnes sont rares. Le rendement moyen des premiers, en temps ordinaire, est sans doute un peu moindre que celui des seconds, mais la différence ne va pas du simple au double, de sorte que le résultat général n'en reste pas moins très-significatif. On voit en effet que les dix départements les plus maltraités par l'insecte ont rapporté, pendant les trois dernières années, une quantité d'hectolitres à l'hectare qui est précisément le double de celle des dix autres départements importants, peu ou point phylloxérés.

On objectera peut-être que la fameuse récolte de 1875 ne prouve pas précisément que notre vigne soit malade, puisque, dans des conditions favorables à la végétation et défavorables aux parasites, elle a été capable de doubler pour ainsi dire son rendement ordinaire. L'explication de ce fait est très-facile; il parle même tout en faveur de ma théorie : J'ai fait ressortir, par le tableau ci-dessus, que la vigne non phylloxérée n'en est pas moins menacée pour cela, et qu'elle est envahie par des parasites d'une autre nature. En 1875, les influences atmosphériques n'ont pas été favorables à ces parasites ; la vigne, quelque peu débarrassée de ces hôtes incommodes, et en vertu de cette loi universelle qui veut que toute plante et tout être vivant se reproduisent, a, dans les conditions indiquées, eu l'occasion de faire un suprême effort pour conserver sa race.

Ce sont du reste toujours les variétés faibles ou à faible végétation qui sont les plus productives, tandis que les variétés vigoureuses ne donnent que du bois. Un gourmand a-t-il jamais produit du raisin ?

Cet état de faiblesse de la plante est sans doute très-favorable aux vues du vigneron, puisque dans ces conditions elle est le plus apte à produire. On dirait que toutes les forces vitales se concentrent sur l'acte de la reproduction, et que l'avenir de la plante est complètement négligé ; malheureusement les parasites trouvent là précisément aussi les conditions d'existence qui leur conviennent, ce dont nous avons journellement des preuves. L'oïdium n'a-t-il pas fait sa première apparition dans les serres d'Angleterre, où toutes les cultures sont forcées, où toutes les plantes ne vivent que d'une vie factice ? Ne sont-ce pas les végétaux cultivés et rendus délicats par des excès de soins, qui sont les premiers à être recherchés par la vermine, tandis que les espèces sauvages n'en sont affectées que rarement ou jamais ? Et la race humaine elle-même ne nous fournit-elle pas des exemples à l'appui de la même thèse ? Les maladies et les affections de l'homme civilisé, ne sont-elles pas bien plus nombreuses que celles des peuples qui vivent à l'état sauvage et sans aucune espèce de culture ?

N'est-il pas prouvé que l'homme des champs, l'homme qui mène une vie primitive, atteint un âge plus avancé, qu'il est plus robuste, plus fort, je

voudrais dire plus résistant que celui qui, dans les grands centres, par un raffinement de mœurs, par la création d'habitudes trop délicates, par des excès de soins, mène une vie méthodique et quasi artificielle ?

Les parasites de toute nature qui existent sur la vigne cultivée sont une conséquence de son état maladif.

Il résulte des faits cités et des observations ci-dessus que toutes nos vignes sont sur leur déclin, qu'elles sont vieilles, malades, usées, et que, si le phylloxéra n'était pas là pour les achever d'un seul coup, les diverses autres affections dont elles souffrent par suite de leur état de langueur ne permettent de rien espérer qu'une agonie plus longue.

Le phylloxéra en Alsace-Lorraine.

Si le terrible insecte exerce ses ravages avec une rapidité extraordinaire dans les contrées méridionales il faut avouer qu'il avance un peu plus lentement dans le nord ; mais son œuvre de destruction n'en est pas moins assurée pour cela. Ce n'est qu'une question de temps.

En Alsace-Lorraine, jusqu'à présent, nous avons déjà eu la fatale occasion d'observer deux taches, et il m'a été donné de les découvrir toutes les deux.

En 1875 j'ai trouvé celle de Bollwiller, sur une plantation à peu près de 70 pieds seulement de vignes américaines de diverses variétés. Grâce à l'isolement de ce petit carré de vignes et à son éloignement du vignoble, le mal a pu être étouffé dans son germe, par une désinfection complète du terrain, la destruction des ceps par le feu, et le recouvrement du sol par une couche de goudron de houille. L'insecte avait été introduit à Bollwiller directement de l'Amérique, sur des plants tirés de ce pays quelques années auparavant.

Quant à la tache de Plantières, près de Metz, son importance a été beaucoup plus considérable, le danger a été d'autant plus grand que le foyer phylloxérique se trouvait en plein vignoble. L'insecte avait été importé sur des plants reçus de Cognac. En 1876, quand j'ai fait ma première visite à Plantières, je n'ai trouvé que quelques rares traces peu suspectes, semblables à de vieilles nodosités, sur les racines d'un seul pied ; j'ai eu hâte de faire de nouvelles recherches en 1877, et il ne m'a pas été difficile alors de trouver des insectes en masse sur la plupart des vignes américaines et sur un grand nombre de souches européennes. La surface envahie a été de 50 ares, et les opérations de désinfection qui, en dehors de cette surface, se sont étendues sur une zône de sûreté de 100 m. de rayon, ont été les suivantes :

1° Recépage des ceps à ras de terre et anéantissement par le feu ;

2° Carbonisation des échalats préalablement trempés dans du pétrole ;

3° Désinfection du terrain par le sulfocarbonate de potasse, à raison de 100 centimètre cubes par mètre carré (en raison de la grande imperméabilité du terrain et comme on avait de l'eau en abondance à sa disposition, on a donné la préférence au sulfocarbonate).

4° Défonçage du terrain à des profondeurs variables, allant jusqu'à 60 centimètres et plus sur les points envahis, et destruction des racines par le feu ;

5° Nouvelle désinfection superficielle, après le défonçage.

Les dépenses ont été très-considérables, mais l'opération a réussi. Le foyer a été étouffé en plein vignoble et malgré les recherches qui chaque année ont été faites depuis dans les vignes voisines, aucune trace de phylloxéra n'a plus été découverte. Ces recherches vont du reste être continuées, par précaution encore pendant quelque temps.

Il est évident que, dans des cas analogues, pour des taches isolées, l'emploi des insecticides est à recommander au plus haut point. Qui sait où en seraient nos vignobles d'Alsace-Lorraine dans un certain nombre d'années, si les deux foyers avaient eu le temps de prendre de l'extension, si des mesures n'avaient été prises pour arrêter le mal dans sa marche. Quand l'invasion est au contraire générale et qu'il faut vivre avec l'insecte, est-il réellement possible d'engager une lutte avantageuse au moyen des insecticides ? Je ne le crois pas. Le rendement de la culture n'est-il pas absorbé par les dépenses qu'occasionnent chaque année les différentes opérations de désinfection ? A mon avis il faut recourir à d'autres moyens pour faire de la viticulture avec profit ; il faut régénérer la vigne et la mettre en état de résister, non-seulement au phylloxéra, mais encore aux diverses autres affections qui la font souffrir.

Les drogues et les insecticides ne guériront jamais toutes les plaies de notre arbrisseau. Au fait à quoi aboutirait une viticulture, si, pour chaque hectare il fallait, en dehors des dépenses ordinaires, faire un sacrifice supplémentaire de 400 francs ? Notre vigne est épuisée ; depuis Noé nous cultivons toujours la même plante, que nous allongeons chaque année par le couchage ou provignage. Les vignes du Clos-Vougeot datent du XIIe siècle ; ce sont toujours les mêmes pieds, provignés chaque année. On opère de même dans beaucoup d'autres vignobles. La bouture est aussi un allongement de la plante mère ; elle en est seulement détachée avant la plantation.

Les vignes sauvages du Rhin résistent au froid aussi bien que les cépages de l'Amérique.

Est-il nécessaire, après toutes les considérations ci-dessus, d'indiquer le remède à tant de maux ? Ce remède n'est-il pas sous la main ? J'ai dit plus haut que la vigne des bois propagée de pépins de temps immémorial, était exempte des affections qui tuent l'arbrisseau cultivé ; j'ajouterai maintenant que de tous les sauvageons que j'ai visités, aucun n'a succombé aux rigueurs du mois de décembre 1879. Nous avons eu jusqu'à 23 degrés de froid dans le vignoble d'Alsace ; dans la plaine le thermomètre est descendu à 27° ; qui sait à quel point il est arrivé sur les bords du Rhin ? Eh bien ! malgré ce froid exceptionnel, nos hôtes des bois n'ont pas été incommodés. On suppose peut-être qu'ils ont été garantis par les branchages de la forêt. Il n'en est rien ; les jeunes sarments de la vigne des bois dépassent toujours les branches des arbres les plus élevés, parcequ'ils recherchent l'air et la lumière ; sous bois on ne remarque aucune végétation. Dans les taillis, les ceps sont étalés sur les broussailles, à une faible hauteur au-dessus du sol ; ils dominent toujours tout ce qui est à leur portée, et ils se trouvent par conséquent toujours exposés directement à toutes les influences de l'atmosphère.

La vigne sauvage du Rhin a déjà fourni et peut fournir encore bien des types à la culture.

Dans la vallée du Rhin, la *vitis sylvestris* compte un assez grand nombre de variétés, parmi lesquelles les trois couleurs (blanc, rouge, noir), sont représentées. L'ampélographe Bronner a déjà, il y a trente ans, réuni une petite collection de ces vignes dans son jardin, aujourd'hui propriété de son fils ; plusieurs pieds sont encore là ; ils ont été cultivés et taillés depuis, et, fait remarquable, ils ont parfaitement résisté au froid de l'hiver fatal qui a tué toutes les autres vignes du voisinage.

Comme qualité, il y a des variétés qui sont mauvaises et acides; d'autres qui sont passables; quelques-unes qui sont bonnes, et même très-bonnes. Bronner fils cultive depuis longtemps une variété blanche excellente, qu'il nomme Orange-Traube, parce que le raisin a un petit goût de fleurs d'oranger.

Comme quantité ou production, il y a des variétés complètement stériles, d'autres qui sont moyennement fertiles, quelques-unes qui produisent des quantités de raisins fabuleuses. J'ai trouvé dans une forêt du duché de Bade, à un kilomètre des bords du Rhin, dans les environs de Carlsruhe, sur un érable, un pied à fruits noirs, portant, en 1880, au moins un demi-hectolitre de raisins. Plusieurs des variétés déjà découvertes pourraient être introduites directement dans la culture.

On trouve dans les vignobles du Rhin quelques cépages probablement indigènes, vu qu'ils sont peu connus ailleurs. D'après l'ampélographe Metzger, le Riesling serait de ce nombre, et Bronner aussi suppose qu'il descend directement de nos vignes sauvages. Ce qu'il y a de certain, c'est que le Riesling, notre cépage par excellence, qui produit les grands vins du Rhin, est, de toutes nos vignes cultivées, la variété qui a le mieux résisté à la gelée de décembre 1879; mais sa résistance est loin d'être comparable à celle des vignes des bois, et si, par hasard, il en descend, c'est qu'il y a déjà bien du temps, car l'origine des vignobles du Rhingau, où il a été cultivé d'abord, remonte au IXe siècle. Ce cépage a donc eu déjà le temps de perdre quelque peu de ses qualités résistantes.

La vigne des bois existe non pas seulement dans la vallée du Rhin; en France, on la trouve dans les bassins de différents fleuves, entre autres sur les bords de la Saône. D'après Bronner, elle doit exister le long du Danube en Autriche-Hongrie et aussi dans le bassin de l'Adige en Tyrol. En Italie, en Portugal, en Espagne, on doit la trouver en abondance. Clemente Roxas, l'auteur d'un ouvrage classique sur les cépages de ce dernier pays, ne partage nullement l'avis des botanistes qui n'admettent qu'une *vitis vinifera;* il est persuadé que les vignes des bois représentent toutes des types primitifs.

On objectera probablement aussi que notre vigne du Rhin n'est pas réellement sauvage et qu'elle descend de nos vignes cultivées, par semis adventices. Une pareille supposition, si elle était fondée, n'infirmerait en rien mes observations; il n'en serait pas moins vrai — et les preuves sont là — que la vigne des bois, propagée durant de longues années par voie naturelle, résiste parfaitement à la plupart des affections auxquelles la vigne cultivée est sujette.

Opinion de quelques savants.

Dans une conférence, faite il y a plus de trente ans, le recteur Sittel, d'Aschaffenburg, auteur d'une *Flora Germaniæ*, a déjà fait ressortir la haute importance de cette question, et ses assertions me sont signalées par un de ses élèves.

« La reproduction artificielle, dit-il, et les soins « culturaux des végétaux présentent un côté désa- « vantageux, attendu que tout écart des lois de « la nature a pour conséquence d'épuiser peu à « peu la plante et de la perdre. C'est avec une « affliction profonde que je vois que les vignobles « de l'Europe commencent à trahir leur grand « âge; déjà l'on remarque par ci par là des traces « évidentes de l'épuisement de la force vitale de « la plante. Des végétations cryptogamiques se « montrent, et il n'est pas douteux que, dans un « avenir plus ou moins rapproché, la vigne ne « succombe aux attaques des parasites végétaux « et animaux de toute nature. Le vigneron se « trouvera contraint, pour rajeunir ses vignes, « d'avoir recours à la vigne sauvage, ainsi que « cela s'est fait dans l'origine, et de créer une « une nouvelle génération. »

Dans ses études des vignobles de France, notre grand maître en viticulture, le docteur Jules Guyot, a déjà fait ressortir les inconvénients du provignage et de la bouture, vu que les sarments de la vigne sont faits et constitués pour vivre à l'air et non pour se transformer en racines, dont la constitution physiologique est toute différente; et cependant à cette époque, les nombreux fléaux qui affectent aujourd'hui notre arbrisseau n'exerçaient pas encore leur influence funeste. Aussi a-t-il beaucoup prôné le procédé de multiplication Hudelot, qui consiste à planter des chapons, procréés d'œilletons, c'est-à-dire des tronçons à un seul nœud, chaque nœud représentant une graine capable de produire un bon plant de vigne, à l'instar des pépins, où la tige et les racines partent d'un seul et même point.

Enfin, dans ces derniers temps, le docteur Blankenhorn, de Carlsruhe, le savant rédacteur des *Annales de l'œnologie* et président de la Société de viticulture de l'Allemagne, s'est imposé de grands sacrifices pour arriver, par la méthode des semis de vignes américaines, à obtenir des types nouveaux, capables de résister aux attaques du phylloxéra. Les quantités de pépins qu'il s'est fait expédier de l'Amérique se comptent par quintaux; aussi a-t-il déjà obtenu quelques résultats satisfaisants, entre autres un semis de Taylor, qui, à l'âge de six ans, et sans taille, a produit 171 grappes et grapillons. Plusieurs de ces semis ont été essayés en France, et leur résistance au phylloxéra a été constatée.

Opinions diverses.

En France, aujourd'hui, la question est envisagée sous un point de vue différent : on prétend généralement que l'insecte est la cause de la maladie.

Au début de l'invasion, beaucoup de personnes prétendaient le contraire; on croyait à un épuisement du sol; ce n'est que quand on a remarqué que les plantations faites dans un terrain vierge succombaient également, qu'on est revenu de cette idée. Quant à la question d'épuisement de la plante elle-même, on ne s'en est jamais occupé sérieusement.

Pour mon compte, je suis persuadé que c'est là le problème; je suis persuadé que nous ne sauverons nos vignobles qu'en les régénérant complètement par les types primitifs. Des semis de nos variétés cultivées les plus vigoureuses ne conduiraient qu'à un résultat incertain; en passant par un grand nombre de générations nouvelles et en choisissant chaque fois les meilleurs sujets, on arriverait peut-être à obtenir des variétés plus solides, mais l'opération serait longue; il faut du temps pour faire disparaître une maladie de famille. Avant dix ans et plus, on ne transforme pas un pépin de raisin en un pied de vigne apte à produire, et, pour étudier son fruit et la force de résistance de ce pied contre les diverses affections, il faut plus de temps encore. Pour répéter cette opération cinq ou six fois, en choisissant de chaque génération les sujets les plus rustiques, la vie d'un homme ne suffirait pas, et, en attendant, le phylloxéra achèverait son œuvre de destruction [1].

[1] Dans son rapport lu à la Société d'agriculture de la Gironde, en 1878, M. Laliman cite un certain nombre de résultats négatifs obtenus par les sémis de vignes euro-

La méthode de repeuplement par les vignes sauvages bien choisies est évidemment la plus logique, puisque certaines variétés pourraient être introduites dès maintenant dans nos cultures.

Exemple d'une vigne cultivée, résistante, provenant d'un sauvageon.

Un fait très-important, qui vient d'être observé tout récemment, confirme, à ma grande joie, mes observations. Je lis, en effet, dans le *Moniteur vinicole* du 29 janvier dernier l'article suivant :

« Parmi nos nombreuses variétés de vignes, il « en est qui montrent une aptitude particulière, « relative il est vrai, mais cependant notable, à « résister au phylloxera. On a déjà cité le *Colom-* « *beau*, pour ne nommer que celui-là, parmi les « observations déjà faites. Nous pouvons affirmer, « pour l'avoir vérifié nous-même, un autre fait de « résistance relative, très-remarquable ; ce fait, « le voici :

« Sur la commune de Poussieux (Isère), dans « un même champ, appartenant au même proprié- « taire, furent plantées, il y a treize ans, trois « vignes, livrées depuis aux mêmes procédés, aux « mêmes conditions de culture. L'une est peuplée « de Syrrah de l'Ermitage, l'autre, de Gamay du

péennes, c'est-à-dire que les jeunes plants n'étaient pas résistants. On s'était borné à une première génération, mais on a reconnu que les sujets obtenus étaient plus vigoureux ; si l'expérience avait été continuée, il est probable que les résultats auraient été plus concluants.

« Beaujolais, et la troisième, d'un cépage appelé « l'*Étraire de la Duy*, ou de *l'Adhuy*.

« La disposition de la plantation est telle, que « la vigne d'étraire est entourée, de trois côtés, « par les deux autres vignes, le quatrième côté « touchant à une route. De plus, aucune séparation entre les trois vignes, si bien que les racines « des différents cépages, étraire, syrrah et gamay, « se mêlent et s'entrelacent aux points de contact « de ces vignes.

« Or voici ce que *nous avons vu*, quelques jours « avant la vendange de 1880 :

« La vigne de gamay ou morte ou mourante; « ni bois ni fruits.

« La vigne de Syrrah à un degré de dépérissement un peu moins avancé, mais portant des « sarments de 10 à 25 centimètres en moyenne et « quelques rares grappes écourtées.

« La vigne d'étraire avec une bonne récolte « moyenne, de beaux raisins bien venus, en état « de parfaite maturité, chaque souche portant « plusieurs sarments de $0^{m},80$ à $1^{m},30$ de longueur. « Les mêmes faits sont observés sur divers points, « soit de l'Isère, soit de la Drôme, dans les vignes « d'étraire. Cela nous a été affirmé par M. le maire « de Poussieux, par M. le directeur de la Ferme- « École de l'Isère, à Saint-Ismiers, lieu d'origine « du cépage dont nous parlons, et par d'autres « honorables viticulteurs on ne peut plus dignes « de foi.

« Nous ne nous sommes point tenus à ces infor-

« mations; nous avons voulu chercher la cause de « résistance de l'étraire, et voici ce que nous « avons vu :

« Ayant fait extraire des racines de deux « souches qui se touchaient, l'une de syrrah et « l'autre d'étraire, racines qui s'enchevêtraient « dans le sol, nous comptions moyennement dix « phylloxéras sur les racines de syrrah pour deux « sur celles d'étraire.

« Nous avons fait plus encore; suivant une mé- « thode à nous, nous avons divisé en deux, dans « toute leur longueur, plusieurs racines d'étraire « et plusieurs racines de syrrah, et nous avons pu « constater ce qui suit :

« Sur les racines de syrrah, les plaies formées « par les piqûres du phylloxéra arrivaient jusqu'au « canal médullaire; sur les racines d'étraire, ces « plaies ne dépassaient pas le liber.

« Là doit être, si nous ne nous trompons, la « cause de la résistance relative de l'étraire.

« Nous devons rappeler ici que notre excellent « correspondant de l'Isère nous a signalé, plus « d'une fois déjà, dans ses courriers humouris- « tiques, les mérites de ce cépage dauphinois. »

Je ne saurais partager l'opinion de l'auteur de cet article en ce qui concerne la cause de résistance : on ne peut admettre que la piqûre d'un insecte microscopique puisse pénétrer jusqu'au canal médullaire d'une racine d'une certaine épaisseur. On a constaté que le nombre d'insectes observés sur les racines de l'étraire était insignifiant, tandis que sur celles des autres cépages il était considérable. Ce fait ne suffit-il pas pour expliquer la résistance du premier cépage ? Mais reste à trouver le motif pour lequel les racines de l'étraire ne sont pas recherchées par l'insecte.

J'ai établi plus haut, et le fait est connu du plus simple vigneron, que ce sont les végétaux malingres, souffreteux, chétifs, qui sont plus spécialement attaqués par la vermine. Recherchons donc l'origine de l'étraire et établissons sa généalogie.

Dans un deuxième article de ce même numéro du *Moniteur vinicole*, signé : Massy André, viticulteur praticien, où l'auteur fait ressortir plus spécialement les qualités vinicoles du cépage résistant, sans oublier le prix des crossettes, se trouve la citation suivante :

« Il y a environ soixante-dix ans qu'une *vigne* « *sauvage* couvrait de ses branches un énorme « pierrier, situé au mas de la Duï, au haut de « Saint-Ismier ; cette souche, d'une pousse vigou- « reuse et d'une remarquable fécondité, était « chargée, chaque année, de grappes magnifiques « et excitait l'admiration de tous. »

On devine le reste : c'est le pierrier de la Duï qui a été le berceau de l'étraire ; mais je m'empresse d'ajouter que si j'ai souligné les mots *vigne sauvage*, c'est qu'ils ne le sont pas dans l'article en question. L'auteur cite ce fait par simple curiosité ; pour moi, au contraire, c'est le point capital, car il confirme toute ma théorie. L'étraire résiste parce qu'il y a soixante-dix ans que ce cépage vivait encore à l'état sauvage, et que ce laps de temps est relativement trop court pour que la variété soit déjà usée aujourd'hui.

Cependant nous avons vu plus haut que sa résistance n'est pas absolue. Prenons donc des renseignements à d'autres sources encore, car, ainsi que je l'ai déjà fait remarquer, toutes les vignes des bois ne sont pas sauvages; on en rencontre parfois, et surtout en pays de montagne, qui sont issues de la vigne cultivée. Si notre étraire était de ce nombre, cela prouverait tout simplement que la vigne cultivée, quand elle passe à l'état sauvage, quand elle n'est plus mutilée par le vigneron, quand elle peut se renouveler de semis pendant un laps de temps plus ou moins long, a la propriété de se réconforter et de recouvrer ses qualités résistantes.

Je remarque, en effet, dans le *Vignoble*, de M. V. Pulliat (1876, n° 2) que l'étraire de la Duï, ou de l'Adhuï, doit être une variété de vigne distincte du persan (considéré comme synonyme) que l'on aurait obtenue d'un semis de hasard, trouvé au bord d'une rivière (l'Adhuï).

Quoi qu'il en soit, on peut, de tous ces renseignements, conclure qu'il fut un temps, assez rapproché, où l'étraire vivait à l'état sauvage et se reproduisait par semis, et c'est là le fait capital que j'ai voulu faire ressortir.

L'article ci-dessus du *Moniteur vinicole* cite encore le colombeau comme devant résister relativement. Malgré toutes les recherches que j'ai faites dans divers ouvrages ampélographiques, il ne m'a pas été possible de découvrir les antécédents de ce cépage; mais je remarque cependant dans le *Vignoble* un fait dont il y a lieu de prendre note : l'oïdium l'attaque peu, ce qui vient à l'appui de ce que j'ai déjà avancé à plusieurs reprises, c'est-à-dire que les cépages non usés sont à l'abri non-seulement du phylloxéra, mais encore des autres parasites qui affectent les vignes de vieille souche.

Les vignes américaines.

J'aborde maintenant le chapitre des vignes américaines, qui sont d'un grand intérêt dans la question de résistance et que beaucoup de viticulteurs méridionaux considèrent comme les vignes de l'avenir. Je ne crois pas précisément qu'elles méritent cet honneur. Le cadre de ce travail est trop restreint pour qu'il me soit possible de me livrer à une étude quelque peu approfondie des vignes du Nouveau-Monde. Dans un opuscule, qui n'a été distribué qu'à un petit nombre de personnes, j'ai fait une esquisse de 137 variétés américaines les plus répandues en Europe, avec description ampélographique des 43 variétés les plus intéressantes.

Qualités des vignes américaines.

Dans la question qui m'occupe, le grand point, le point capital, c'est la résistance. On a classé les cépages américains en un certain nombre de familles ou tribus; mais cette classification est incomplète, à défaut de renseignements certains du pays d'origine. Ici je me bornerai à citer les trois familles qui ont fourni jusqu'à présent les variétés introduites dans la grande culture européenne, savoir : *Vitis labrusca*, *Vitis cordifolia-riparia*, *Vitis æstivalis*. Il est facile, en peu de mots, de donner une idée de la valeur des membres de chacune de ces familles :

Vitis labrusca, non résistant, très-fertile, vin mauvais (foxé);

Vitis cordifolia-riparia, résistant, non fertile, vin de qualité douteuse;

Vitis æstivalis, résistant, assez fertile, vin assez bon.

Il n'y a guère que la tribu des *æstivalis* qui fournit quelques variétés propres à la production directe, comme l'Herbement, le Jacques, le Northon's Virginia, le Rulander; tous les autres membres des *æstivalis* et ceux des *cordifolias*, sauf peut-être le Taylor, ne peuvent être utilisés que comme porte-greffes.

Mais, hâtons-nous de le dire, de toutes les variétés américaines, ce ne sont que les types réellement sauvages, ou cultivés depuis peu, qui ont la propriété de résister d'une manière absolue.

La Vitis solonis et son pays d'origine.

La *Vitis solonis* est bien certainement le descendant direct d'une vigne sauvage. Son pays d'origine a été inconnu jusqu'à ce jour; je viens de le découvrir par un grand hasard. Dans un atlas de vignes sauvages, légué, il y a près de vingt-cinq ans, par l'ampélographe Bronner à une bibliothèque de Carlsruhe, je lis la note suivante : « Longs de « l'Arkansas, la seule des variétés américaines « dont le jus soit rouge. »

Ce Longs existe encore aujourd'hui dans la collection du fils Bronner, et il est parfaitement identique avec la *Vitis solonis*. Voilà donc le pays d'origine de la vigne résistante par excellence qui est enfin découvert, ainsi que le nom que celle-ci porte dans sa patrie.

Toutes les vignes américaines ont été résistantes dans l'origine.

Il y a quelques auteurs qui prétendent que toutes les variétés américaines sont résistantes jusqu'à un certain point; quant à moi, je suis persuadé que si toutes ne le sont plus aujourd'hui elles l'ont été dans l'origine, et je vais donner la preuve de ce que j'avance. Tout le monde à peu près est convaincu à présent que le phylloxéra est originaire de l'Amérique. Or, si l'insecte a existé de tout temps dans ce pays, comment se fait-il donc que l'on y trouve encore des Labruscas? Il est hors de doute que depuis son apparition, qui doit remonter à la création, l'insecte aurait eu largement le temps de détruire toutes les espèces non résistantes du continent. Pour moi, il est évident que, dans le principe, le type des Labruscas était doué de tout autant de résistance que les autres; mais, comme il est le plus anciennement cultivé, le sort des vignes de l'Europe l'attend déjà. Ce sort ne se borne pas aux attaques du phylloxéra; j'en ai des preuves : je n'avais jamais remarqué jusqu'à présent de traces d'oïdium sur les vignes américaines. Eh bien! il y a deux ans, j'ai vu, en Alsace, plusieurs pieds d'Isabelle, qui, quoique parfaitement isolés, étaient endommagés par ce cryptogame. Ce fait ne prouve-t-il pas que les vignes américaines s'usent, tout aussi bien que les européennes, par la culture et par la propagation toujours répétée des boutures?

D'après les renseignements que M. Planchon a pu se procurer, on voit qu'au milieu du dernier siècle, des membres de la tribu des labruscas se trouvaient déjà cultivés en Amérique et que plusieurs ont été longtemps ou sont encore aujourd'hui populaires. Il n'en saurait être autrement; le vigneron vise toujours les plus grosses grappes, ce qu'il n'a pu trouver que dans les labruscas; une autre preuve de leur ancienneté de culture est dans ce fait que longtemps les labruscas étaient les seules variétés américaines connues en Europe.

Comment l'Isabelle s'est répandue sous le pseudonyme de Raisin du Cap.

Déjà en 1820, le grand horticulteur Joseph Baumann, de Bollwiller (Alsace), a introduit chez nous l'Isabelle, qu'il reçut de William Prince, de

Flushing, Long-Island, près de New-York; mais ce nom d'Isabelle ne convenait pas à la vente; il fallait, comme cela se pratique malheureusement encore de nos jours dans certains établissements horticoles, trouver un nom plus séduisant, plus pompeux pour cette nouvelle variété à grandes feuilles, afin d'attirer les acheteurs et de faire valoir l'article : c'est ainsi que l'Isabelle reçut le nom de Raisin du cap de Bonne-Espérance. Dix années plus tard, elle fut expédiée sous ce dernier nom au président de la Société d'horticulture de Massacusetts, de sorte que non-seulement en Europe, mais dans son pays d'origine, en Amérique, elle s'est répandue avec une étonnante rapidité sous le faux nom de Raisin du Cap, *Cape Grape*. Je ne cite ce fait, qui m'a été raconté par un membre même de la famille Baumann, que parce qu'il est généralement ignoré, et parce que beaucoup de personnes se figurent encore aujourd'hui que l'Isabelle provient du Cap.

Il est certain que les labruscas sont depuis fort longtemps dans la culture et je suis convaincu que dans le principe ils ont possédé la faculté de résister tout aussi bien que les autres types, dont la plupart ne sont cultivés que depuis que l'existence du phylloxéra a été constatée, et qu'ils ont été reconnus résistants.

Si les labruscas n'avaient jamais résisté, il y a longtemps qu'ils auraient disparu de la flore américaine. Encore aujourd'hui ils possèdent un certain degré de résistance relative, et quelques rares variétés, comme le Concord, résistent passablement, l'York's Madeira parfaitement. (M. V. Pulliat considère ce dernier cépage comme un labrusca, M. Millardet comme un hybride.) Il est évident que le type primitif des labruscas a dû posséder tout autant de résistance que les cordifolias et les æstivalis sauvages, sans quoi il n'aurait pas pu donner naissance à des variétés qui résistent encore aujourd'hui.

Les causes de résistance.

Cette faculté que possèdent certaines vignes de rester insensibles aux attaques du phylloxéra ou même de n'être que peu ou point recherchées par l'insecte, a été attribuée à bien des causes : les uns disent que la sève renferme une plus grande proportion de potasse ; d'autres qu'une certaine matière résineuse, particulière aux racines, repousse l'insecte ; on a prétendu aussi que le bois a plus de consistance et est plus difficilement attaquable, que le chevelu très-abondant des racines se renouvelle sans cesse pour remplacer celui qui est détruit, etc. etc. Je n'ai rien à redire à ces différentes opinions. J'admets même qu'elles soient toutes fondées. Je me permettrai seulement une objection : Pourquoi tel sujet d'une tribu doit-il posséder les proportions de potasse, de résine, de densité voulues pour résister, tandis que tel autre, provenant peut-être des mêmes parents, se trouvera constitué tout différemment ? C'est tout simplement parce que ce dernier est usé par la culture, parce qu'il n'a plus la force nécessaire pour absorber les éléments qui lui conviennent ou dont il a besoin, et que par suite ses tissus sont relâchés, tandis que le premier possède encore toute la vigueur de la vigne sauvage, qu'il est constitué d'après les lois de la nature, et que les traitements capricieux de l'homme ne lui ont pas encore été appliqués assez longtemps pour l'affaiblir.

Les causes de résistance ne se trouvent donc que chez la plante saine provenant de semis.

Les causes de dégénération.

Si vous multipliez la vigne par provins ou boutures, le sujet que vous créez n'est pas une jeune plante ; ce n'est qu'un allongement de la plante-mère, et encore pour obtenir cet allongement vous mettez en terre ce qui doit vivre à l'air, vous forcez votre tige à devenir racine ; est-ce rationnel ? A-t-on jamais songé à mettre les racines en l'air ? Ce serait cependant à peu près tout aussi logique. Quel est le vigneron qui n'a remarqué l'altération que subissent les boutures en terre pour remplir des fonctions toutes contraires à leur destination ? D'abord le bout qui dépasse l'œil inférieur pourrit, si la coupe n'a pas été faite exactement sur le nœud ; l'écorce subit le même sort, puisqu'elle n'a pas été destinée à vivre dans le sol ; enfin, comme il y a absence de canal médullaire dans les racines, les fonctions de la moelle de la bouture ou du provin deviennent inutiles, aussi celle-ci, de verte qu'elle était, brunit-elle rapidement pour ensuite se décomposer. Notre bouture renfermera donc toujours un corps mort dans son intérieur ; elle se trouvera entourée par une écorce en décomposition, et la plupart du temps elle se trouvera altérée par la base. Et c'est avec des plants constitués de la sorte que nous faisons de la viticulture depuis des siècles, et l'on s'étonne que notre vigne périclite d'année en année et que ses parasites, animaux et végétaux prennent le dessus.

La maladie que l'on appelle blanc ou moisi, qui se remarque beaucoup dans le canton de Vaud (Suisse), ainsi que dans d'autres vignobles, ne se développe-t-elle pas, comme toute autre moisissure, à la faveur des parties en décomposition sur la bouture, sous l'influence d'une humidité prolongée ?

Mais la reproduction par boutures n'est que le commencement d'une série de pratiques contre nature que nous faisons subir à notre abrisseau. A peine a-t-il eu le temps de prendre racine, que déjà nous nous apprêtons à le mutiler de toutes les façons ; nous le soumettons à des opérations qui visent toutes à contrarier la végétation, et au moyen desquelles nous espérons obtenir des fruits plus beaux et plus développés. Nous avons vu précédemment, que la vigne, quand elle végète à l'état sauvage, est une plante grimpante, qui monte sur les arbres les plus élevés, à 20 et 30 mètres de hauteur. Dans certaines contrées de l'Asie, notamment dans le Kashmir, on trouve des spécimens qui vont à 60 et 70 mètres, et dont la végétation est d'une vigueur prodigieuse.

Voyons maintenant ce qui se passe dans nos cultures : là le végétal est forcé de prendre des habitudes, si toutefois habitudes il y a, qui sont absolument contraires à l'état sauvage. Au lieu de le laisser grimper à sa guise, nous le soutenons par des tuteurs, nous le tordons, nous le plions, nous l'attachons, et souvent les liens sont tellement serrés que la sève ne passe plus [1]. Au lieu de le laisser aller à 30 ou 60 mètres de hauteur nous ne lui accordons guère que la centième partie de ce développement ; des sarments qui se se sont développés sur 2 ou 3 mètres de longueur, nous les rabattons à 2 ou 3 centimètres ; notre vigne, ainsi mutilée, pleure et verse des larmes abondantes ; mais nous sommes insensibles et à tout prix il nous faut maîtriser sa vigueur.

Malgré ce massacre, notre vigne se décide à pousser de nouveaux jets ; malheur à elle si tous ces jets ne sont pas fertiles ; l'homme ne pardonne

[1] Quand le lien qui retient un jeune sarment est quelque peu serré, j'ai souvent eu l'occasion de constater que la sève montante passe bien, mais que la sève descendante est retenue. Il se forme un petit bourrelet au-dessus du lien, et l'effet, sur les raisins est absolument le même que celui qui est produit par l'incision annulaire. Les fruits augmentent de volume et ils mûrissent plus tôt, mais au détriment des parties ligneuses qui sont situées au-dessous du lien et des racines, lesquelles sont ainsi privées de la sève descendante. Cet effet se produit facilement sur la Clairette ou la Blanquette de Limoux.

pas ; il arrache impitoyablement tout ce qui ne porte pas de grappes ; il n'a d'égards que pour les pousses fertiles, et encore ces égards sont-ils limités ; tout ce qui dépasse le fruit est pincé ou étêté sévèrement comme partie inutile. La seule préoccupation du vigneron, c'est le fruit ; le reste, l'avenir de la plante, ne l'inquiète pas, ou plutôt il n'y songe même pas.

Souvent la vigne fait encore un suprême et dernier effort pour produire de nouveaux organes nécessaires à sa vie : les bourgeons secondaires se développent timidement et produisent des jets latéraux ; mais, comme s'il se trouvait indigné de tant d'audace, et semblable au bourreau qui achève sa victime, le vigneron enlève encore ce dernier espoir de reproduction au végétal.

Cette dernière pratique est exécutée avec une grande ponctualité dans la Lorraine. Or, nous remarquons dans la majeure partie des vignobles de ce pays une maladie inconnue, semblable au cottis, qui fait beaucoup de ravages, et dont périssent chaque année un grand nombre de ceps. J'ai été appelé, il y a deux ans, à étudier cette maladie ; on m'a appris qu'elle sévissait particulièrement dans les vignes où l'on a l'habitude de provigner les ceps, et que ce sont les espèces vigoureuses qui en souffrent le plus. Après bien des recherches, j'ai été assez heureux d'en découvrir la cause. J'ai fait arracher un grand nombre de provins malades ; sur la partie en terre de chacun j'ai constaté une raie ou bande noire d'une certaine longueur, ayant son point de départ supérieur près d'un nœud. En examinant un jeune pied fraîchement couché, j'ai vu que cette raie avait été occasionnée par l'enlèvement, sans précaution, du faux-bourgeon, enlèvement qui avait entraîné l'arrachage d'une bande d'écorce sur le sarment encore vert.

Ce sont donc les sarments écorchés de la sorte qui contractent la maladie, quand ils sont mis en terre comme provins et même comme boutures. Mais comment se fait-il que les espèces vigoureuses soient plutôt affectées par la maladie que les autres ? C'est parce que l'enlèvement de leurs pousses latérales, qui sont plus fortes, donne plutôt lieu à des écorchures. C'est simple ! on ne s'en était jamais aperçu. Et voilà encore une maladie, dont la cause a été inconnue jusqu'ici, et qui est le résultat de nos pratiques barbares.

Est-ce fini ? Pas tout-à-fait. Dans quelques vignobles on pousse le vandalisme jusqu'à arracher les feuilles et à supprimer ainsi les organes indispensables à l'élaboration des aliments de la plante et du fruit, sous prétexte d'aérer ce dernier quand il commence à mûrir. Enfin une dernière pratique, heureusement peu usitée dans la grande culture, est mise à profit par les jardiniers pour hâter la maturité des raisins. Nous avons vu précédemment comment le vigneron opère pour empêcher la sève de monter plus haut que jusqu'au point d'insertion du pédoncule de la grappe : il supprime le bout du sarment et il espère ainsi faire pénétrer la sève directement dans le fruit. C'est ingénieux, mais pas assez. Il ne sait pas que cette sève a besoin d'être préalablement élaborée par les feuilles et que ce n'est qu'après qu'elle est propre à alimenter les grains du raisin.

Voyons maintenant comment on opère pour forcer la sève descendante à alimenter exclusivement le fruit, au détriment des autres parties du végétal : au moyen d'une pince à deux tranchants, on pratique ce que l'on appelle une incision annulaire dans le sarment, en-dessous du raisin inférieur ; l'écorce est enlevée sur tout le pourtour et sur une longueur de quelques millimètres ; cette écorchure empêche la sève de descendre. C'est là le complément, la quintessence de tous les supplices que notre pauvre vigne est obligée d'endurer ; aussi la viticulture est-elle devenue dans certains pays, une culture tout-à-fait artificielle ; le vigneron façonne les raisins pour ainsi dire à sa volonté, mais il tue la plante. Après toutes ces considérations il est bien permis de se demander si ce n'est pas le vigneron lui-même qui est la cause principale de la dégénérescence de nos vignes cultivées.

On dira probablement : bien sot celui qui ne vise pas à la production : C'est là en effet le but du viticulteur ; mais pour avoir du fruit chaque année, il faut avant tout songer à la conservation du cep.

Pourquoi donc, dans ces derniers temps, a-t-on tant prôné en France la culture en chaintres, c'est-à-dire la culture à grand développement? N'a-t-on pas senti le besoin de se rapprocher de la nature, après tous les écarts qui ont été commis?

Le phylloxéra est un parasite qui vit aux dépens de la plante malade.

C'est sur les racines de ce végétal malade et usé par la culture, ainsi qu'il vient d'être dit, que le phylloxéra se trouvera à l'aise et dans des conditions favorables à son développement: nous avons des preuves suffisantes qu'il sait en profiter. Placez-le au contraire sur un végétal sain, sur ce que nous appelons une vigne résistante, et il fera piteuse mine, ainsi que du reste tous les parasites végétaux et animaux. Nous pouvons ajouter qu'il en est de même de la plupart des parasites du genre humain, qui ne prospèrent que de la ruine des autres.

Les ennemis du phylloxéra.

On admet généralement que tout être a son ennemi. Le phylloxéra ne fait pas exception à cette loi. L'*hoplophora arctata* ou le *tyroglyphus phylloxeræ* (Riley), le *polyxenus lagurus* et quelques autres acariens sont reconnus comme étant hostiles à l'ennemi de nos vignes. Or dans toute lutte, pour vaincre, il faut avoir un certain avantage sur son adversaire; dans le cas qui nous occupe, le phylloxéra a l'avantage du nombre; il se développe, comme on sait, d'une manière prodigieuse, quand il se trouve dans un milieu qui lui est favorable ; par suite il est puissant et capable de se défendre, et si quelques membres de sa bande succombent dans la lutte, il sont bien vite remplacés au centuple.

Si au contraire le milieu dans lequel il se trouve lui est défavorable, il ne se multipliera que lentement, sa nourriture laissera à désirer, il sera faible et ses ennemis ne manqueront pas de prendre le dessus.

Les milieux qui lui conviennent sont les racines des vignes souffreteuses ; ceux qui ne lui conviennent pas sont les racines saines et résistantes, de même que les racines complètement décomposées et pourries ; aussi a-t-il soin de quitter au plus vite une plantation qu'il a ruinée et dans laquelle il ne trouve plus les éléments nécessaires à son existence. Quelques-uns de ses ennemis se plaisent au contraire dans des milieux semblables et entre autres le *tyroglyphus phylloxeræ*, qui a été d'abord observé par l'entomologiste américain Riley et que j'ai été le premier à découvrir en Alsace. (Il paraît que l'on a reconnu récemment que cet acarien n'était autre chose que l'*hoplophora arctata*, dans une de ses transformations). J'ai eu l'occasion de faire sur les habitudes de ce tyroglyphus une observation très-intéressante : lors de la découverte du phylloxéra à Bollwiller, j'ai conservé pendant quelque temps des racines fortement envahies par cet insecte dans un flacon. Quand je les ai inspectées plus tard à la loupe et au microscope, les phylloxéras avaient disparu complètement et ils étaient remplacés par une bande formidable de tyroglyphus. Les conditions d'existence étaient devenues défavorables au phylloxéra et avantageuses à son ennemi.

Il est donc plus que probable, il est pour moi de la plus grande évidence, que le phylloxéra, sur des vignes parfaitement saines, finit par disparaître spontanément, ou bien par devenir complètement impuissant.

Résumé.

Maintenant que j'ai développé aussi complètement qu'il m'a été possible de le faire, ma manière de voir, basée sur trente années de pratique en viticulture et sur près de dix années d'observations et d'études phylloxériques, je vais me résumer en peu de mots :

La vigne d'Europe, par suite des diverses méthodes de culture et de multiplication contre nature auxquelles elle est soumise depuis des siècles, est affaiblie, souffrante, usée. Cet état d'affaiblissement a favorisé le développement d'un grand nombre de parasites végétaux et animaux, qui se sont établis sur la plante malade et qui vivent et se multiplient à ses dépens. Notre arbrisseau succombe aux attaques de ces parasites de toute nature, dont le plus dangereux est le *phylloxera vastatrix*. L'homme est impuissant à lutter contre ces êtres infiniment petits ; le salut, l'avenir de notre viticulture ne résident que dans la régénération de nos vignobles par des plantes saines et résistantes, provenant directement des types primitifs et non usés de la vigne sauvage, qui de tout temps s'est propagée par la voie naturelle des semis.

Conclusions.

Pour terminer ce trop long mémoire, que cependant je n'ai pas cru devoir restreindre, en raison de la grande importance du sujet, je vais indiquer les voies et moyens que je crois être les plus propres à arriver aussi promptement que possible à la régénération de nos vignobles.

Comme la question est du plus haut intérêt pour tous les pays viticoles de l'Europe, il y aurait probablement lieu de convoquer la commission phylloxérique internationale, à l'effet de soumettre à l'appréciation des délégués des différentes puissances les études développées ci-dessus et, le cas échéant, d'inviter leurs gouvernements respectifs à prendre part aux travaux de régénération.

Voici le plan de campagne qui me semble le plus rationnel et qui serait applicable, soit pour une action commune, soit pour un essai à entreprendre seulement par une ou quelques contrées viticoles :

1° Faire rechercher dans chaque pays, par des délégués spéciaux, les différents types de vignes sauvages qui peuvent y exister, les réunir et les cultiver en collection pour les étudier sous le rapport de leurs qualités économiques. L'administration forestière, par l'intermédiaire de ses agents, est le plus à même de donner des renseignements à ce sujet ; c'est ainsi qu'il a été procédé en Alsace-Lorraine.

2° Déléguer, dans le même but, une commission de deux ou plusieurs membres dans les montagnes du Caucase, où la vigne sauvage abonde, et en Asie, afin de rechercher les types primitifs de la *vitis vinifera*, dont les caractères botaniques et ampélographiques seraient également à étudier.

3° Essayer simultanément toutes les variétés dans une contrée phylloxérée, par exemple dans le midi de la France, afin de constater leur degré de résistance.

4° Propager les variétés reconnues résistantes, en établissant dans chaque pays des pépinières en nombre suffisant.

5° Affecter dans chaque école de viticulture un terrain spécial, isolé de toute autre culture de vignes, à la multiplication par graines des vignes primitives, afin de conserver leurs propriétés résistantes et de pouvoir, en tout temps, régénérer les variétés qui s'affaibliraient à la longue par la culture.

Il va sans dire que les vignes américaines résistantes pourraient également trouver leur place dans ces collections et dans les pépinières de multiplication, et, en attendant les résultats nouveaux, elles seraient toujours une précieuse ressource comme porte-greffes.

Il va sans dire aussi que la lutte au moyen des

insecticides serait à continuer partout où le mal n'est pas encore trop fortement enraciné, et que l'on débuterait avec la plantation des nouveaux types dans les vignobles complètement détruits.

L'Alsace-Lorraine a déjà pris l'initiative d'un pareil plan de campagne, sur une échelle plus modeste; dans le courant de l'année dernière j'ai découvert et étudié sur place, les principales variétés des bois, et dans quelques semaines je compte réunir en collection la plupart des types sauvages de la vallée du Rhin.

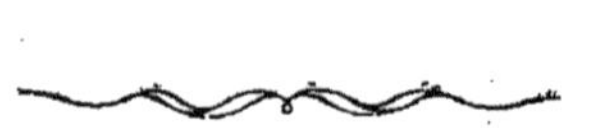

J.B.J

www.ingramcontent.com/pod-product-compliance
Ingram Content Group UK Ltd.
Pitfield, Milton Keynes, MK11 3LW, UK
UKHW021021200726
13857UKWH00004B/1510